U0343555

气象灾害防御宝典

中国气象学会 编著

气象出版社
China Meteorological Press

图书在版编目（CIP）数据

气象灾害防御宝典 / 中国气象学会编著 . —— 北京：
气象出版社，2016.10（2022.11 重印）

ISBN 978-7-5029-6428-3

Ⅰ . ①气… Ⅱ . ①中… Ⅲ . ①气象灾害－灾害防治

Ⅳ . ① P429

中国版本图书馆 CIP 数据核字 (2016) 第 229634 号

Qixiang Zaihai Fangyu Baodian
气象灾害防御宝典

出版发行：气象出版社

地　　址：北京市海淀区中关村南大街 46 号　　**邮政编码**：100081

电　　话：010-68407112（总编室）　 010-68408042（发行部）

网　　址：http://www.qxcbs.com　　　　**E-mail**：qxcbs@cma.gov.cn

责任编辑：邵　华　　　　　　　　　　　**终　　审**：邵俊年

责任校对：王丽梅　　　　　　　　　　　**责任技编**：赵相宁

设　　计：符　赋

印　　刷：三河市君旺印务有限公司

开　　本：889 mm×1194 mm　1/64　　　**印　　张**：2.5

字　　数：40 千字

版　　次：2016 年 10 月第 1 版　　　　　**印　　次**：2022 年 11 月第 4 次印刷

定　　价：10.00 元

《气象灾害防御宝典》编委会

主　编：翟盘茂

副主编：冯雪竹

编　委：张伟民　陈　烨　钟　鑫　林方曜　刘文泉

序

　　我国是一个气象灾害多发的国家，每年我国 70% 以上的国土、50% 以上的人口以及 80% 的工农业生产地区和城市，均会不同程度受到暴雨洪涝、高温、雷电、冰雹、大风、沙尘暴等各种气象灾害的冲击和影响。根据世界气象组织公布的信息，气象灾害占自然灾害总量的 70% 左右。近年来，在全球气候持续变暖的大背景下，我国气象灾害呈现种类繁多、分布地域广、发生频率高的特点，严重影响经济社会发展和人民群众的生产生活，每年造成的经济损失平均在 2000 亿元以上。如何最大限度地减轻气象灾害造成的人员伤亡和财产损失，是一个从国家政府到每个公民自身都需要关注并认真对待的严峻问题。为了提高广大公众防御气象灾害的能力，中国气象学会于2008年组织专家编印了《气象灾害防御指南》，并在近年来世界气象日、全国科技周等各类大型科普活动中广为发放，受到各地公众的普遍好评。为进一步适应社会的需要和公众的需求，中国气象学会在《气象灾害防御指南》的基础上进行了认真的修订，现更名为《气象灾害防御宝典》正式出版发行。该书对台风、暴雨、暴雪、寒潮、大风、沙尘暴、高温、干旱、雷电、冰雹、霜冻、大雾、霾、道路结冰14种气象灾害的特征以及预警信号的内容进行了具体说明，并以生动的配画和简洁的文字重点介绍了各种灾害的避险要点，目的在于让广大公众方便快捷、一目了然地了解什么是气象灾害？需要采取哪些防御措施？从而增强应对气象灾害的能力，最大限度地减少气象灾害造成的损失。

该书图文并茂、通俗易懂，对在全球气候变化的背景下，科学应对气象灾害，保障经济社会可持续发展和人民安全福祉将发挥应有的作用。

中国气象局副局长

2016 年 9 月

目　录

一、台风

　　热带气旋是发生在热带或副热带洋面上的低压涡旋，是一种强大而深厚的热带天气系统，我国把西北太平洋和南海的热带气旋按其底层中心附近最大平均风力（风速）大小划分为6个等级，其中风力为12级或以上的，统称为台风。

台风预警信号分四级，分别以蓝色、黄色、橙色和红色表示。

台风蓝色预警信号

24小时内可能或者已经受热带气旋影响，沿海或者陆地平均风力达6级以上，或者阵风8级以上并可能持续。

台风黄色预警信号

24小时内可能或者已经受热带气旋影响，沿海或者陆地平均风力达8级以上，或者阵风10级以上并可能持续。

台风橙色预警信号

12小时内可能或者已经受热带气旋影响，沿海或者陆地平均风力达10级以上，或者阵风12级以上并可能持续。

台风红色预警信号

6小时内可能或者已经受热带气旋影响，沿海或者陆地平均风力达12级以上，或者阵风达14级以上并可能持续。

防御避险要点

1.台风来临时居民最好待在家中，切勿随意外出，危房中的人员应及时转移到安全的房屋内。

2. 立即停止高空等户外作业，工作人员迅速转移到安全地带。

3.住在山脚下或低洼地区的居民要及早撤离，防范强降水引发的山洪、泥石流等地质灾害。

4.停止大型集会活动，切断室外霓虹灯、广告牌等的电源。

5. 接到台风预警信号后及时加固门窗、屋顶、棚架、广告牌等易被风吹动的搭建物。

6. 出海船舶、海上作业船舶以及近海养殖人员接到台风预警信号后立即回港避风或绕道航行。

台风红色预警，请立即回港

7.密切关注台风预警信息，加固港口设施，防止船舶走锚、搁浅或碰撞。

特别提示

　　当台风中心经过时，风力会突然减小或者静止一段时间，切记强风可能会突然吹袭，应继续留在安全处，当风力逐渐减小、云升高、雨渐停时再出行。

二、暴雨

暴雨是指短时间内产生较强降雨（24小时降雨量大于或等于50毫米）的天气现象。

暴雨预警信号分四级，分别以蓝色、黄色、橙色、红色表示。

暴雨蓝色预警信号

12 小时内降雨量将达 50 毫米以上，或者已达 50 毫米以上且降雨可能持续。

暴雨黄色预警信号

6 小时内降雨量将达 50 毫米以上，或者已达 50 毫米以上且降雨可能持续。

暴雨橙色预警信号

3 小时内降雨量将达 50 毫米以上，或者已达 50 毫米以上且降雨可能持续。

暴雨红色预警信号

3 小时内降雨量将达 100 毫米以上，或者已达 100 毫米以上且降雨可能持续。

防御避险要点

1.及时清理下水道，检查农田、鱼塘的排水系统，做好低洼、易受淹地区如立交桥下等地的排水防涝工作。

2.平房居民及时检修房屋,如果地势较低,可在门口放置挡水板或堆砌土坎预防内涝。

3.暴雨极易引发山洪、山体滑坡、泥石流等灾害,位于低洼、山脚下等地区的学校、单位应及早撤离到安全地带,确保人身安全。

4.室内进水时，应立即切断电源，防止漏电伤人。

5. 在户外积水中行走时，注意观察路况，绕开水流湍急出现漩涡的地区，在看不清水深的情况下不要贸然在水中行走，防止跌入窨井、地坑等处。

6. 雨中行车要减速慢行，保持车距，遇到积水过深处，应绕道行驶，尤其是过立交桥下时注意观察水深是否已到警戒线，不要贸然前行。

7. 下暴雨时不要在河里游泳或淌河过沟。在山区遇到暴雨时，应迅速向高处转移。

特别提示

暴雨天气往往伴有雷电发生，还要注意防范雷电灾害！

三、暴雪

暴雪是指 24 小时降雪量（融化成水）达到或超过 10 毫米的降雪。

暴雪预警信号分四级，分别以蓝色、黄色、橙色、红色表示。

暴雪蓝色预警信号
12小时内降雪量将达4毫米以上，或者已达4毫米以上且降雪持续，可能对交通或者农牧业有影响。

暴雪黄色预警信号
12小时内降雪量将达6毫米以上，或者已达6毫米以上且降雪持续，可能对交通或者农牧业有影响。

暴雪橙色预警信号
6小时内降雪量将达10毫米以上，或者已达10毫米以上且降雪持续，可能或者已经对交通或者农牧业有较大影响。

暴雪红色预警信号
6小时内降雪量将达15毫米以上，或者已达15毫米以上且降雪持续，可能或者已经对交通或者农牧业有较大影响。

防御避险要点

    1.相关部门应及时清扫路面，同时做好道路的融雪工作。

2.老人和幼儿尽量减少户外活动。行人在路上要注意防寒保暖。

3. 骑自行车时可以给轮胎适当少量放气，增加轮胎与路面的摩擦力，以免滑倒。

4.机动车在冰雪路面行驶时应给轮胎安装防滑链，司机佩戴有色眼镜。

5.机动车行驶时要减速慢行，避免急转以防侧滑，踩刹车不要过急过死。

6. 交通部门在必要时应封闭高速公路。

7.交通、铁路和电力等部门注意巡逻与设备维护。

8.牧民要备好粮草，将散养牲畜赶到圈里喂养。

9. 相关部门做好牧区等地区的救灾救济工作。

特别提示

暴雪天气极易发生交通事故，遇到交通事故不要惊慌，及时拨打急救电话，采取必要的急救措施。

四、寒潮

　　寒潮是指极地或高纬度地区的强冷空气大规模地向中、低纬度侵袭，造成大范围急剧降温和偏北大风的天气过程，有时还会伴有雨、雪和冰冻灾害。

寒潮预警信号分四级，分别以蓝色、黄色、橙色、红色表示。

寒潮蓝色预警信号

48 小时内最低气温将要下降 8 ℃以上，最低气温小于或等于 4 ℃，陆地平均风力可达 5 级以上；或者已经下降 8 ℃以上，最低气温小于或等于 4 ℃，平均风力达 5 级以上，并可能持续。

寒潮黄色预警信号

24 小时内最低气温将要下降 10 ℃以上，最低气温小于或等于 4 ℃，陆地平均风力可达 6 级以上；或者已经下降 10 ℃以上，最低气温小于或等于 4 ℃，平均风力达 6 级以上，并可能持续。

寒潮橙色预警信号

24 小时内最低气温将要下降 12 ℃以上，最低气温小于或等于 0 ℃，陆地平均风力可达 6 级以上；或者已经下降 12 ℃以上，最低气温小于或等于 0 ℃，平均风力达 6 级以上，并可能持续。

寒潮红色预警信号

24 小时内最低气温将要下降 16 ℃以上，最低气温小于或等于 0 ℃，陆地平均风力可达 6 级以上；或者已经下降 16 ℃以上，最低气温小于或等于 0 ℃，平均风力达 6 级以上，并可能持续。

防御避险要点

1.老、弱、病、孕尽量不要外出。

2.关心孤寡老人，做好年老体弱者的防寒保暖工作。

3. 采用煤炉取暖的居民要安装烟囱风斗，防止煤气中毒。

4.行人出门注意防寒保暖，穿防滑鞋，以防跌倒。

5. 做好室外水管的防冻措施，防止水管冻裂。

6. 将易受寒潮大风影响的花卉、蔬菜、水果等物品转移到室内。

7. 遇到道路结冰时，车辆应采取防滑措施。

8. 做好牲畜、家禽的防寒防风工作，农牧区要备好粮草。

9. 船舶应注意避风，停止或减少高空、水上等户外作业。

特别提示

寒潮天气常伴有大风，注意防寒保暖，采取防冻措施，做好防风工作。

五、大风

当瞬时风速达到或超过 17.2 米 / 秒，即风力达到 8 级或以上时，就称作大风。

　　大风（除台风外）预警信号分四级，分别以蓝色、黄色、橙色、红色表示。

大风蓝色预警信号

24 小时内可能受大风影响，平均风力可达 6 级以上，或者阵风 7 级以上；或者已经受大风影响，平均风力为 6 ~ 7 级，或者阵风 7 ~ 8 级并可能持续。

大风黄色预警信号

12 小时内可能受大风影响，平均风力可达 8 级以上，或者阵风 9 级以上；或者已经受大风影响，平均风力为 8 ~ 9 级，或者阵风 9 ~ 10 级并可能持续。

大风橙色预警信号

6 小时内可能受大风影响，平均风力可达 10 级以上，或者阵风 11 级以上；或者已经受大风影响，平均风力为 10 ~ 11 级，或者阵风 11 ~ 12 级并可能持续。

大风红色预警信号

6 小时内可能受大风影响，平均风力可达 12 级以上，或者阵风 13 级以上；或者已经受大风影响，平均风力为 12 级以上，或者阵风 13 级以上并可能持续。

防御避险要点

1. 尽量减少外出，老人小孩留在家中。

2.妥善安置阳台上的物品，以免高空坠物伤人。

3. 行人远离施工工地、高大的建筑物、广告牌、水边等危险地带。

4.外出尽量不骑车，如需要外出，机动车和非机动车驾驶员应减速慢行。

5. 加固棚架、围板等室外临时搭建物，及时收起遮阳伞、遮阳棚等器具。

6. 高空和水上等户外作业人员停止作业。

7. 加固港口设施，防止船只走锚和碰撞。

特别提示

　　大风天气注意防范因大风引起的火灾。

六、沙尘暴

　　沙尘暴是指强风将地面尘沙吹起，使空气很浑浊，水平能见度小于 1 千米的天气现象。

沙尘暴预警信号分三级，分别以黄色、橙色、红色表示。

沙尘暴黄色预警信号

12 小时内可能出现沙尘暴天气（能见度小于 1000 米），或者已经出现沙尘暴天气并可能持续。

沙尘暴橙色预警信号

6 小时内可能出现强沙尘暴天气（能见度小于 500 米），或者已经出现强沙尘暴天气并可能持续。

沙尘暴红色预警信号

6 小时内可能出现特强沙尘暴天气（能见度小于 50 米），或者已经出现特强沙尘暴天气并可能持续。

防御避险要点

1.尽量不出门，尤其是有呼吸道疾病的患者要减少户外活动。户外人员应戴口罩、眼镜等防尘物品。

2. 远离高大建筑物、广告牌等危险地带，以防被高空坠物砸伤。

3. 及时做好精密仪器的密封工作。

4. 做好防风防沙准备，关好门窗，加固围板、棚架等临时搭建物。

5. 停止高空作业,将易被风吹动的沙、散装水泥等盖好,防止污染周边环境。

6.行车时驾驶人员应减速慢行，打开大灯，注意行车安全。

7. 受特强沙尘暴影响的机场、高速公路和轮渡暂时关闭或停航。

特别提示

沙尘暴天气行人回到室内后要及时清理裸露的皮肤和鼻腔。

七、高温

　　高温是指日最高气温达到或超过35 ℃的天气。

高温预警信号分三级，分别以黄色、橙色、红色表示。

高温黄色预警信号
连续3天日最高气温将在35℃以上。

高温橙色预警信号
24小时内最高气温将升至37℃以上。

高温红色预警信号
24小时内最高气温将升至40℃以上。

防御避险要点

1.饮食宜清淡，不可过度吃冷饮。多喝凉茶、淡盐水、绿豆汤等防暑饮品。

2. 注意休息，保证睡眠。年老体弱者减少活动，家中常备防暑降温药品。

3.要留意蚊虫叮咬，做好防护。

4.空调温度不宜过低,以防受寒或引发"空调病"。

5. 大汗淋漓时要先稍事休息后再用温水沐浴，不要用冷水冲澡。

6. 高温时段减少户外活动，外出时注意采取打伞、戴遮阳帽等防护措施。

7. 如果发生中暑，应立即将病人抬到阴凉通风处，并及时拨打急救电话"120"。

8.户外劳动时间尽量避开高温时段（10—16时）。

9. 行车时驾驶人员应注意调节情绪，备好防暑药品和饮品，谨防成为"路怒族"。

特别提示

高温天气注意防范因用电量过大，电线、变压器等电力设备负载大而引发的火灾。

八、干旱

　　干旱是指因水分收支或供求不平衡而形成的持续水分短缺现象。

干旱预警信号分两级，分别以橙色、红色表示。

干旱橙色预警信号

预计未来一周综合气象干旱指数达到重旱（气象干旱为 25 ~ 50 年一遇），或者某一县（区）有 40% 以上的农作物受旱。

干旱红色预警信号

预计未来一周综合气象干旱指数达到特旱（气象干旱为 50 年以上一遇），或者某一县（区）有 60% 以上的农作物受旱。

防御避险要点

1.建立节水意识，不浪费水资源。

2. 采取有效的节水措施，养成良好的用水习惯。

3. 启用应急备用水源，调度辖区内一切可用水源。

4. 采取车载送水、打深井等多种手段，确保居民生活用水和牲畜饮水。

5.压减城镇供水指标，优先经济作物灌溉用水，限制大量农业灌溉用水。

6. 限制非生产性高耗水及服务业用水，限制排放工业污水。

7. 气象部门适时进行人工增雨作业。

特别提示

干旱时期北方地区注意蓄水保墒，平时注意涵养应急备用水源。

九、雷电

　　雷电是在雷暴天气条件下发生的伴有闪电和雷鸣的一种雄伟壮观而又令人生畏的放电现象。

雷电预警信号分三级，分别以黄色、橙色、红色表示。

雷电黄色预警信号

6小时内可能发生雷电活动，可能会造成雷电灾害事故。

雷电橙色预警信号

2小时内发生雷电活动的可能性很大，或者已经受雷电活动影响，且可能持续，出现雷电灾害事故的可能性比较大。

雷电红色预警信号

2小时内发生雷电活动的可能性非常大，或者已经有强烈的雷电活动发生，且可能持续，出现雷电灾害事故的可能性非常大。

防御避险要点

1.避免户外活动，紧闭门窗，室内人员远离铁网、水管、煤气管等金属物体。

2.关闭电脑、电视等家用电器，拔掉电源插头。

3. 雷电发生时不宜洗澡，特别是太阳能热水器用户。

4.打雷时切忌在户外奔跑。更不宜开摩托车和骑自行车。

5.在空旷场地不要使用有金属尖端的雨伞，不要将农具、钓鱼竿、高尔夫球杆等金属物品扛在肩上。

6. 立即停止室外游泳、钓鱼、划船等水上活动。

7. 如果在户外，请远离孤立的大树、电线杆、广告牌等。更不要赤足。

8. 在旷野里找不到避雷场所时，应找地势较低的地方蹲下，双脚并拢，身体前屈。

9. 在汽车内关闭车窗可以安全避雷。

特别提示

　　建筑物等要按规定安装防雷设施。

十、冰雹

冰雹是坚硬的球状、锥状或形状不规则的固态降水，一般从积雨云中降下，常伴随雷暴出现。

冰雹预警信号分两级，分别以橙色、红色表示。

冰雹橙色预警信号

6小时内可能出现冰雹天气，并可能造成雹灾。

冰雹红色预警信号

2小时内出现冰雹可能性极大，并可能造成重雹灾。

防御避险要点

1.关好门窗，做好防雹和防雷电的准备。

2.尽量待在屋内，切勿随意外出。

3. 户外人员立即找安全的地方躲避，可用随身带的书包保护头部。

4.若在行车途中,应就近将汽车停到地下车库或路边。

5. 做好农作物的防护措施。在冰雹常发区，应为作物架设防雹网。

6. 做好牲畜的防护措施，将家禽、牲畜等赶到有顶棚的安全场所。

7. 气象部门做好人工消雹作业的准备。

特别提示

　　注意防御冰雹天气伴随的雷电灾害。

十一、霜冻

霜冻是白天气温高于0℃，夜间气温短时间降至0℃以下的低温危害现象，是一种农业气象灾害，多出现在春秋转换季节。

霜冻预警信号分三级，分别以蓝色、黄色、橙色表示。

霜冻蓝色预警信号

48 小时内地面最低温度将要下降到 0 ℃以下，对农业将产生影响，或者已经降到 0 ℃以下，对农业已经产生影响，并可能持续。

霜冻黄色预警信号

24 小时内地面最低温度将要下降到零下 3 ℃以下，对农业将产生严重影响，或者已经降到零下 3 ℃以下，对农业已经产生严重影响，并可能持续。

霜冻橙色预警信号

24 小时内地面最低温度将要下降到零下 5 ℃以下，对农业将产生严重影响，或者已经降到零下 5 ℃以下，对农业已经产生严重影响，并将持续。

防御避险要点

　　1.妥善处理易受霜冻危害的植物,将家中种植的植物及时搬入室内。

2. 对幼苗、花卉等采取覆盖措施。

3. 对容易受冻的农作物喷洒防冻液或采取施肥等防霜冻措施。

4.对农作物、林业育苗可采取田间灌溉等防霜冻措施。

5.将树木主干刷白，或包扎草绳，以减轻冻害。

特别提示

注意采取防霜冻措施要因地因时因作物制宜。

十二、大雾

　　雾是由大量悬浮在近地面空气中的微小水滴或冰晶组成的水汽凝结物，常呈乳白色，使水平能见度小于 1 千米的天气现象。当水平能见度小于 500 米时发布大雾预警信号。

大雾预警信号分三级，分别以黄色、橙色、红色表示。

大雾黄色预警信号
12 小时内可能出现能见度小于 500 米的雾，或者已经出现能见度小于 500 米、大于或等于 200 米的雾并将持续。

大雾橙色预警信号
6 小时内可能出现能见度小于 200 米的雾，或者已经出现能见度小于 200 米、大于或等于 50 米的雾并将持续。

大雾红色预警信号
2 小时内可能出现能见度小于 50 米的雾，或者已经出现能见度小于 50 米的雾并将持续。

防御避险要点

　　1.有呼吸道或心肺疾病的患者尽量留在室内，不要外出。

2.尽量减少户外活动，外出时可戴上口罩。

3.雾中含有多种有害物质，不要在雾中锻炼身体。

4.行车时驾驶人员应打开雾灯，减速慢行，保持车距，勤用喇叭。

5. 在高速公路上行驶的车辆应控制车速，尽量驶入服务区暂行休息。

服务区

6.水上行驶的船舶要打开雷达，加强瞭望，注意航行安全。

7.高速公路、机场、轮渡码头等交通单位要加强调度。遇到大雾红色预警时，这些单位要暂时封闭或停航。

特别提示

　　雾天极易引发哮喘、咽炎等呼吸道疾病，尽量减少室外活动。外出回来后应及时清洗面部、鼻腔及裸露的皮肤。

十三、霾

　　霾是指大量极细微的干尘粒等均匀地悬浮在空中，使水平能见度小于 10 千米的空气普遍浑浊现象。

霾预警信号分为三级，以黄色、橙色和红色表示，分别对应预报等级用语的中度霾、重度霾和严重霾。

霾黄色预警信号

预计未来 24 小时内可能出现下列条件之一并将持续或实况已达到下列条件之一并可能持续：

（1）能见度小于 3000 米且相对湿度小于 80% 的霾。

（2）能见度小于 3000 米且相对湿度大于或等于 80%，$PM_{2.5}$ 浓度大于 115 微克 / 米^3 且小于或等于 150 微克 / 米^3。

（3）能见度小于 5000 米，$PM_{2.5}$ 浓度大于 150 微克 / 米^3 且小于或等于 250 微克 / 米^3。

霾橙色预警信号

预计未来 24 小时内可能出现下列条件之一并将持续或实况已达到下列条件之一并可能持续：

（1）能见度小于 2000 米且相对湿度小于 80% 的霾。

（2）能见度小于 2000 米且相对湿度大于或等于 80%，$PM_{2.5}$ 浓度大于 150 微克 / 米^3 且小于或等于 250 微克 / 米^3。

（3）能见度小于 5000 米，$PM_{2.5}$ 浓度大于 250 微克 / 米^3 且小于或等于 500 微克 / 米^3。

霾红色预警信号

预计未来 24 小时内可能出现下列条件之一并将持续或实况已达到下列条件之一并可能持续：

（1）能见度小于 1000 米且相对湿度小于 80% 的霾。

（2）能见度小于 1000 米且相对湿度大于或等于 80%，$PM_{2.5}$ 浓度大于 250 微克 / 米^3 且小于或等于 500 微克 / 米^3。

（3）能见度小于 5000 米，$PM_{2.5}$ 浓度大于 500 微克 / 米^3。

防御避险要点

1.关闭门窗，可以使用空气净化器净化室内空气。

2.尽量减少户外活动，外出时要戴 N95、KN90 等型号的专业防护口罩。

3. 回到室内后要及时洗脸、漱口、清理鼻腔和裸露的皮肤。

4.霾中的微小颗粒能直接进入并黏附在人体呼吸道中，引发多种呼吸道疾病，因此不要在霾天锻炼身体。

5. 行车时驾驶人员要减速慢行，打开雾灯，保持车距。

6. 水上行驶的船舶要加强瞭望，注意安全。

7.机场、高速公路、轮渡码头等单位要加强交通管理，保障交通安全。

特别提示

　　注意防范霾天气引发的呼吸道疾病。

十四、道路结冰

　　道路结冰是指地面温度低于 0 ℃，道路上可能出现积雪或结冰的现象。

　　道路结冰预警信号分三级，分别以黄色、橙色、红色表示。

道路结冰黄色预警信号

当路表温度低于 0 ℃，出现降水，12 小时内可能出现对交通有影响的道路结冰。

道路结冰橙色预警信号

当路表温度低于 0 ℃，出现降水，6 小时内可能出现对交通有较大影响的道路结冰。

道路结冰红色预警信号

当路表温度低于 0 ℃，出现降水，2 小时内可能出现或者已经出现对交通有很大影响的道路结冰。

防御避险要点

1.老、弱、病、孕尽量留在家中，减少外出。

2.室外温度较低，外出时注意防寒保暖，穿防滑鞋，少骑自行车。

3.机动车行驶时要采取防滑措施，慢速行驶。

4. 交通、公安等部门要按照职责做好应对准备工作。

特别提示

　　注意防范因道路结冰引发的摔伤、骨折等伤害。